后浪

SHORTCUTS by Mariana Tutschová

[捷克] 玛丽安娜·图乔娃 著　于森 译

中国友谊出版公司

我们每天都在走捷径省时间，但我们从不会停下脚步来认真思考一下这件事。尽管那些不切实际的公园景观设计师希望我们绕着一块草坪走、沿着直角拐弯，但我们不喜欢这样做。我们的生活节奏飞快，没时间去考虑某块草坪，或考虑为了保持草坪美观而花费的时间、精力和金钱。我赶时间。

但是，我们真的能好好用上走捷径节省下来的时间吗？我们又是否考虑过走捷径可能会带来的坏处呢？

走捷径的情形：

斜穿拐角绿地

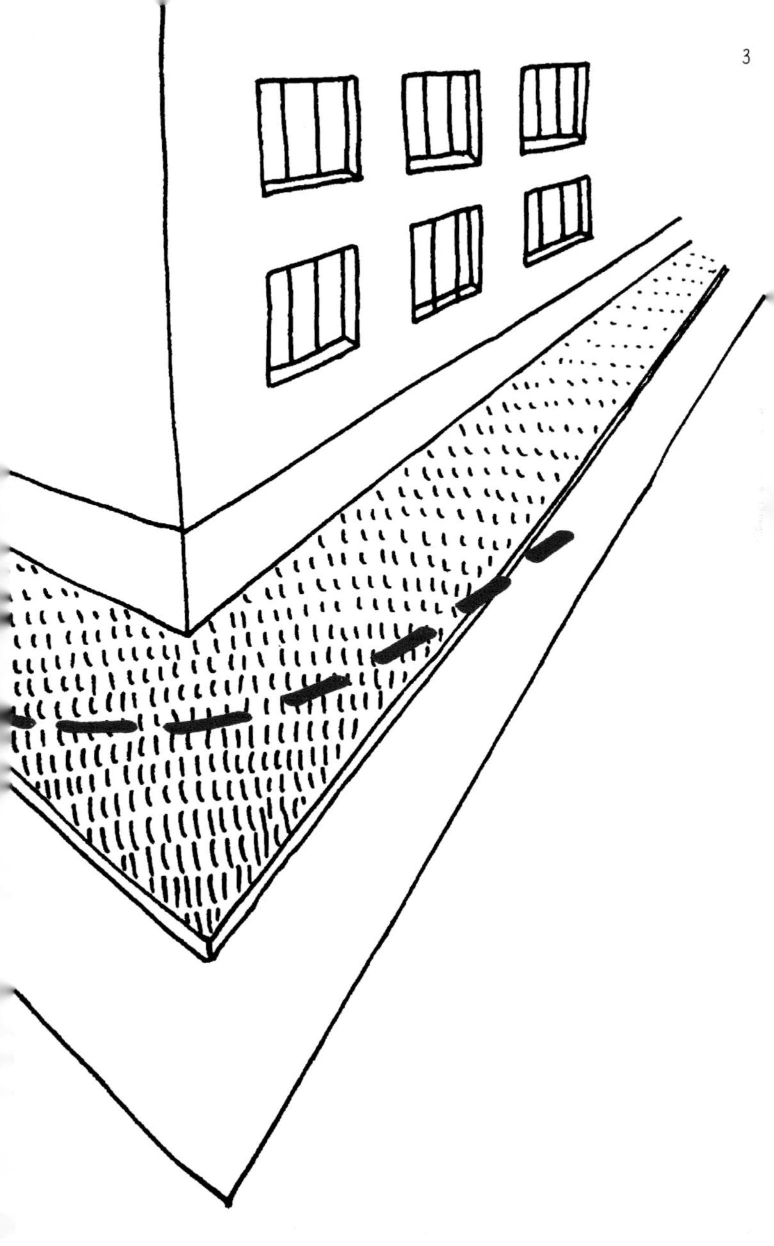

时间节省了：

能怎样利用这点时间呢？

这是一项理想的下肢锻炼。

提高快速画画的技能。

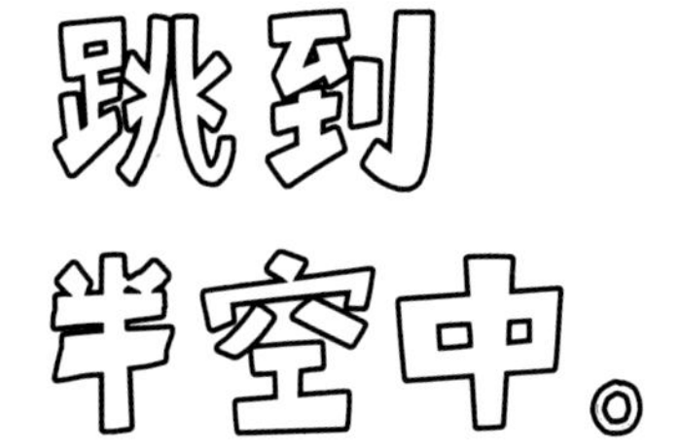

喝口水，因为
补水非常重要。

盖子朝下把牙膏立起来。于是，在刷牙的时候，不怎么费力也能把牙膏挤出来。这样一来，每天都可以节省下更多宝贵的时间。

我爱你

告诉身边亲近的人♡

你对他们的想法。

对陌生人微笑一下。

深吸一口气。

如果你恰好发现自己快要沉到水里了，这是一种绝妙的时间利用方式。

如果你是那种经常会被坏运气找上门的人，这些倒霉事可能会发生在你身上：

走捷径的情形：

斜穿拐角绿地

并遇上了——

a）倒霉的一天

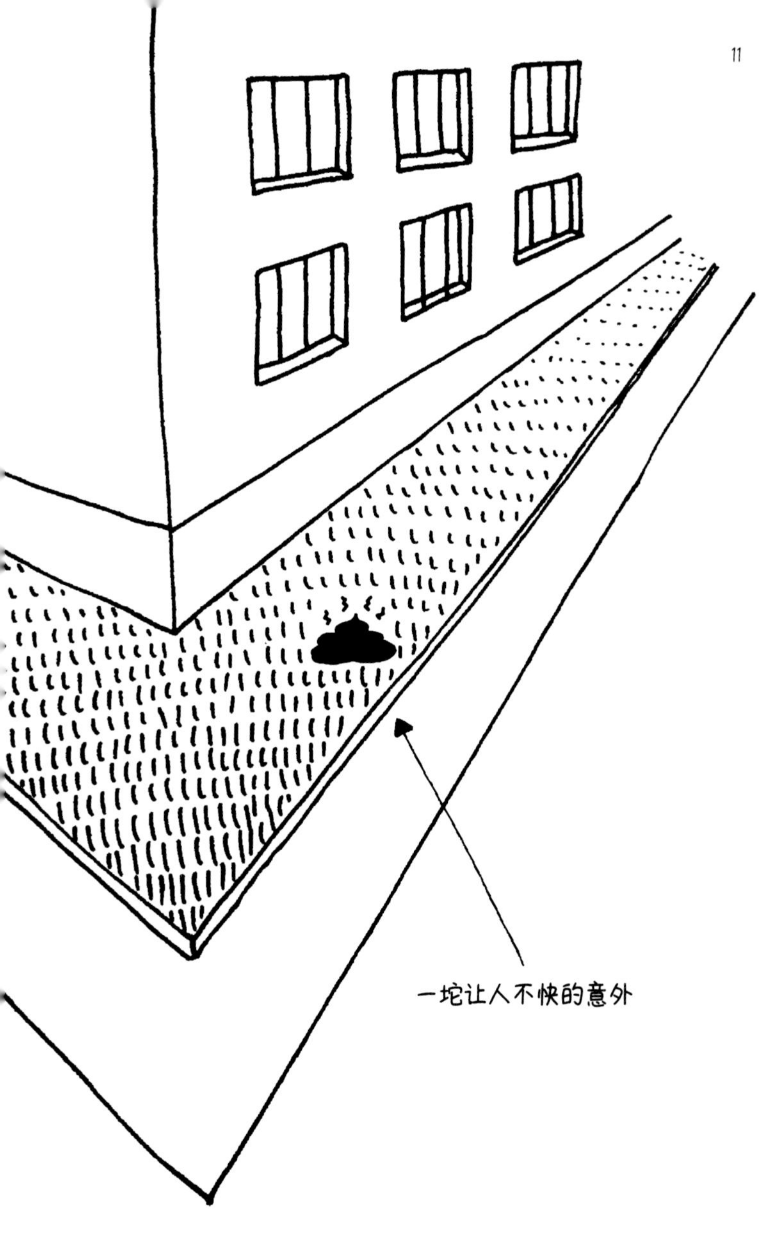
一坨让人不快的意外

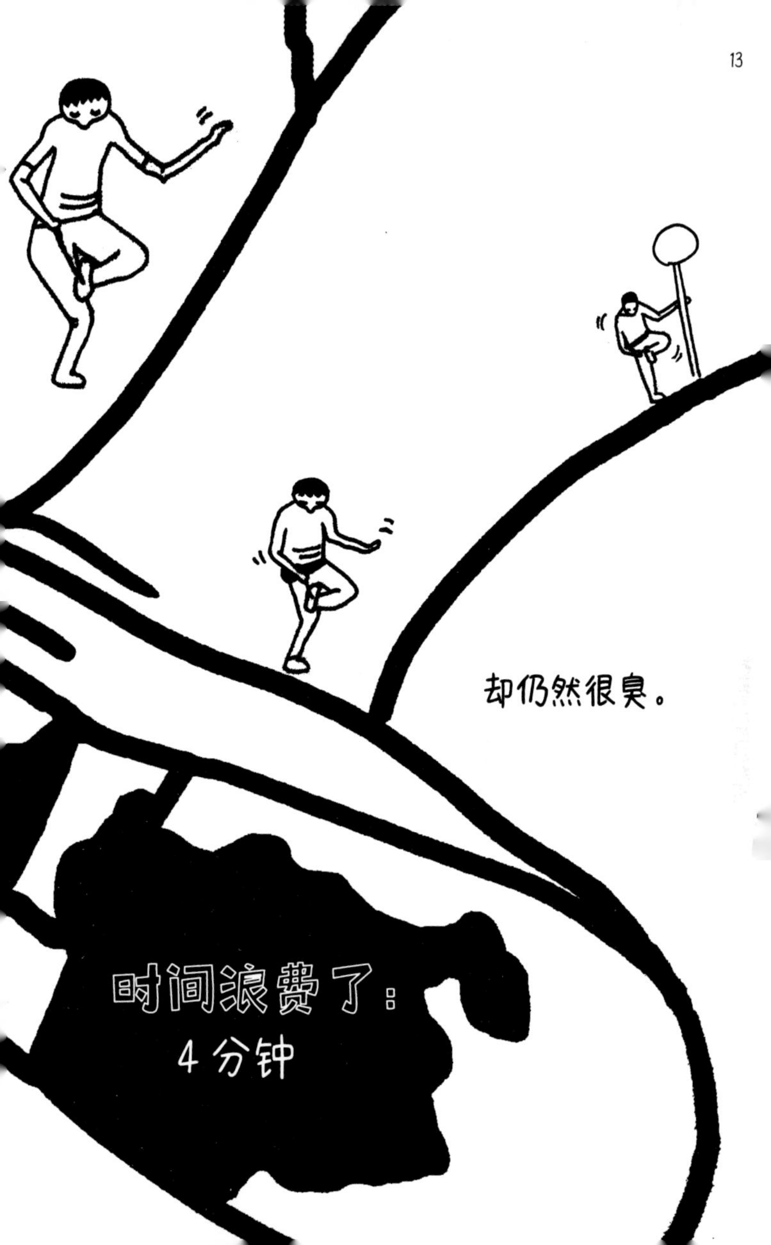
却仍然很臭。
时间浪费了：
4分钟

走捷径的情形：

斜穿拐角绿地

并遇上了——

b）从窗户里向外偷看的人

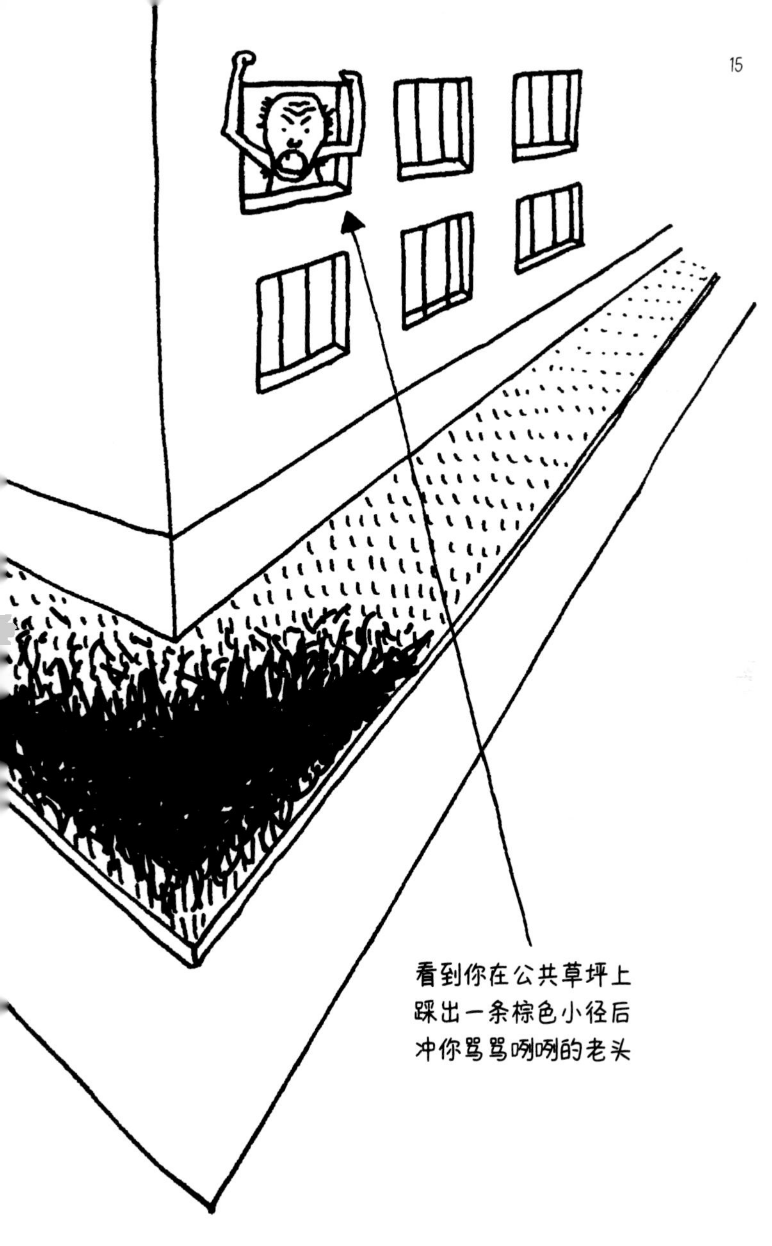
看到你在公共草坪上
踩出一条棕色小径后
冲你骂骂咧咧的老头

时间浪费了：

但是这一阵子
你会觉得有些
良心不安。

走捷径的情形：

斜穿拐角绿地

并遇上了——

c）石头

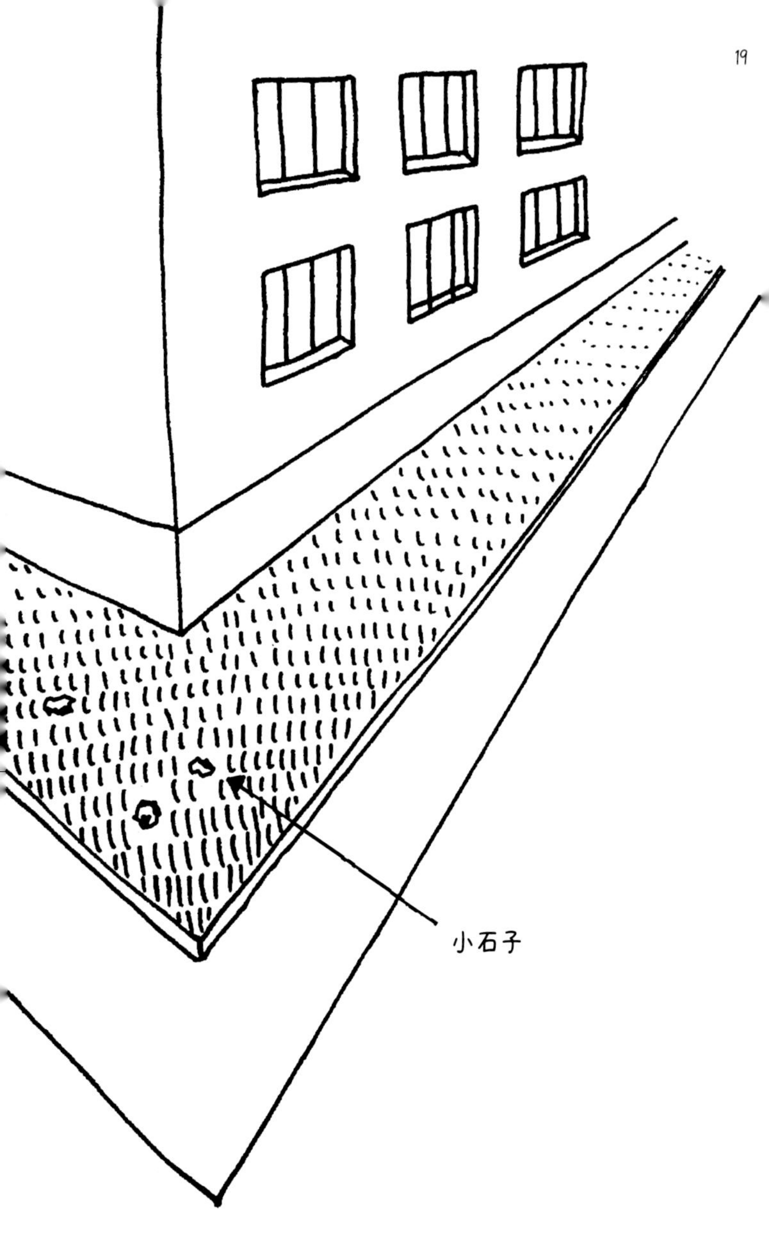
小石子

耶！

35秒钟。不过这取决于你穿了什么样的鞋子。

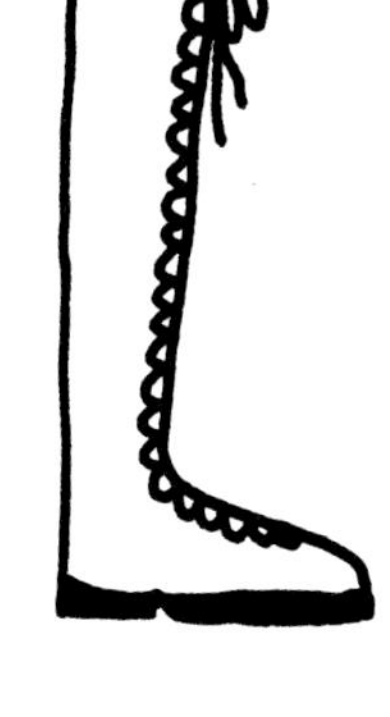

走捷径的情形：

横穿
人行道绿地

时间节省了：

能怎样利用这点时间呢？

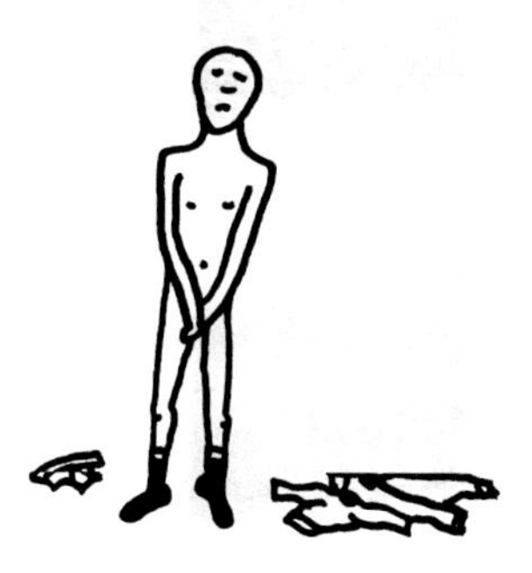

脱掉衣服
（但是不脱掉袜子）。

深吸一口气，
关掉社交网站
的页面。

在白天的时候，把牙刷放进嘴里转一圈。

（警告：这不能替代每天两次的认真刷牙！）

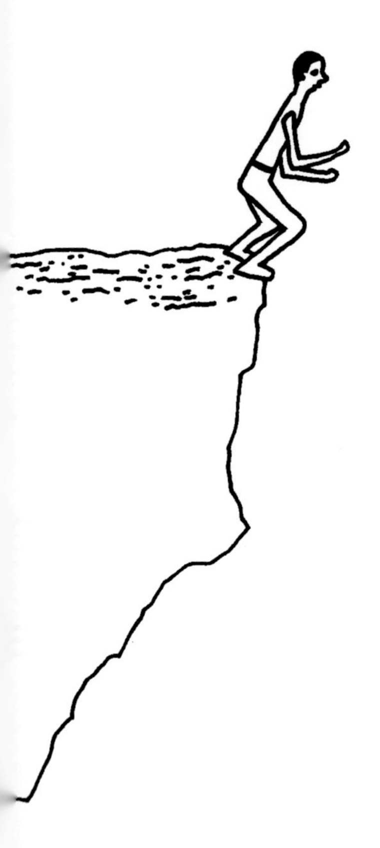

自由落体
320米。

做拉伸运动。

如果你是一个好的冰球运动员，这点时间够你打进一记关键球了。

击一杆高尔夫球。

根据迈克·本德和迈克尔·梅西埃的“8秒原则”*，从站定位置到完成挥杆击球需要8秒。

* 迈克·本德是美国职业高尔夫球运动员，迈克尔·梅西埃是资深高尔夫球爱好者。二人合著的《高尔夫球的8秒钟秘密》（*Golf's 8 Seconds Secret*）一书提出了“8秒原则”。

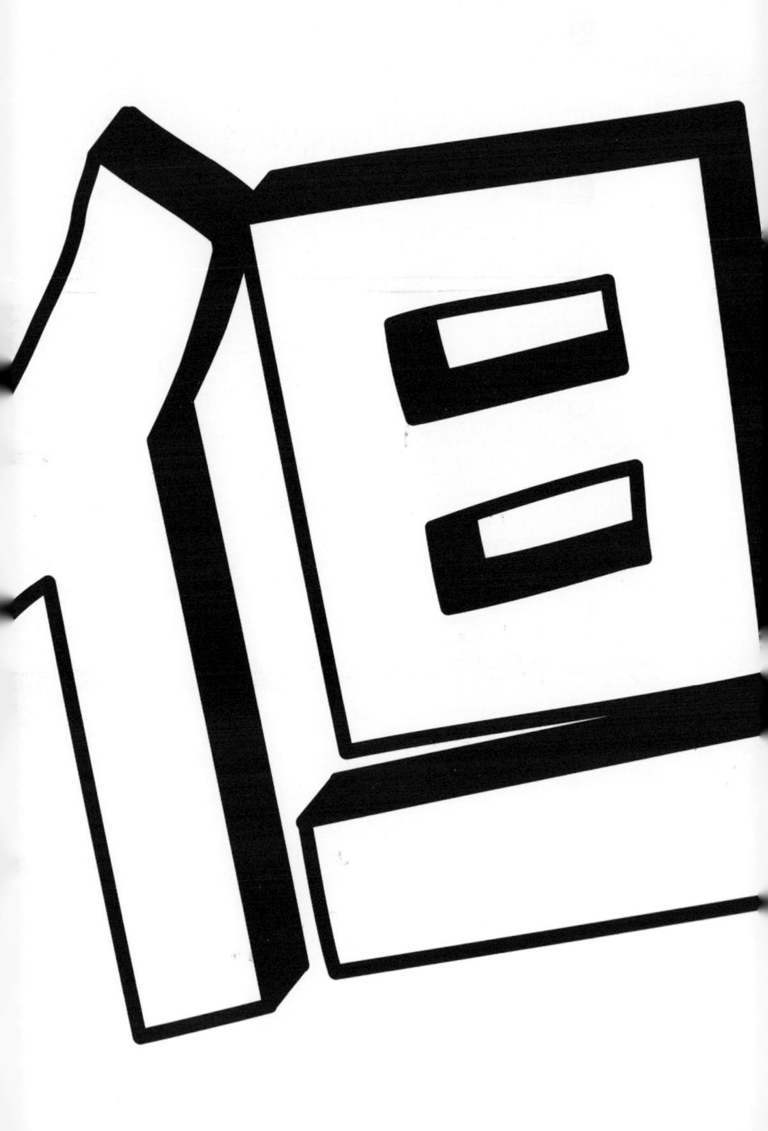

也可能发生
以下情况……

走捷径的情形：

横穿人行道绿地

并遇上了——

a）意外的地形变化

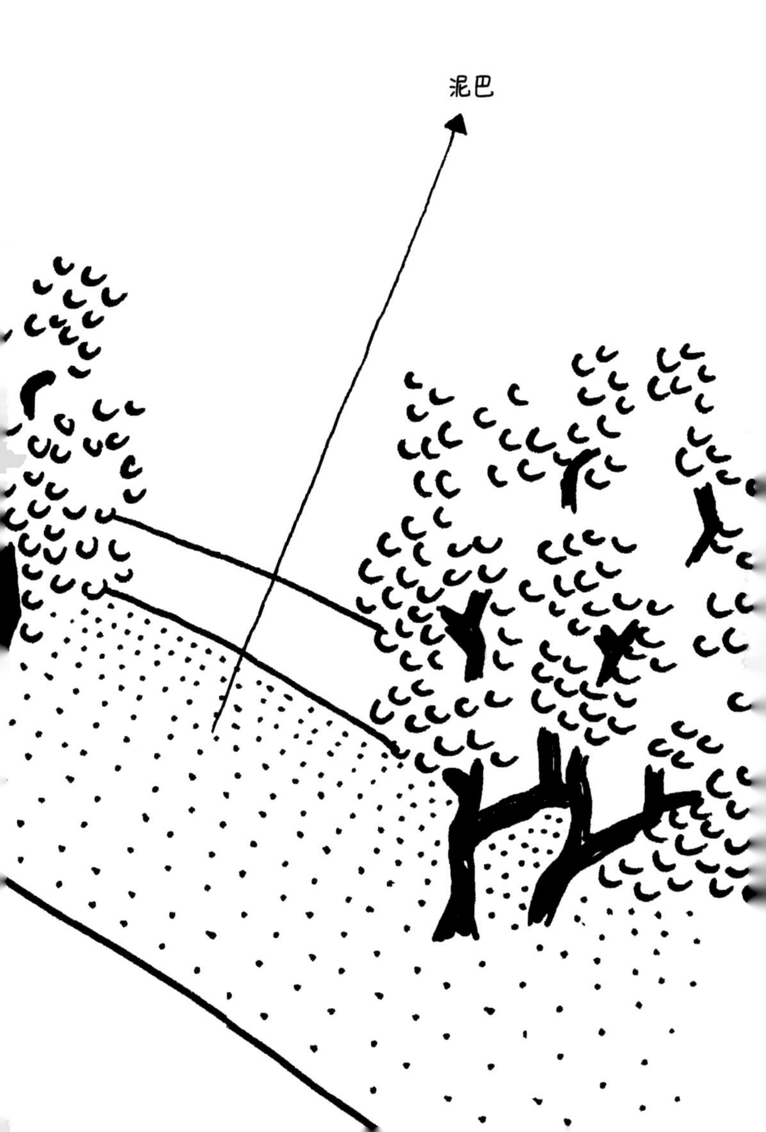
泥巴

时间浪费了：

长达2小时。如果你想换身衣服，
但你却住在城市的另一头。

走捷径的情形：

横穿人行道绿地

并遇上了——

b）漆黑的夜晚

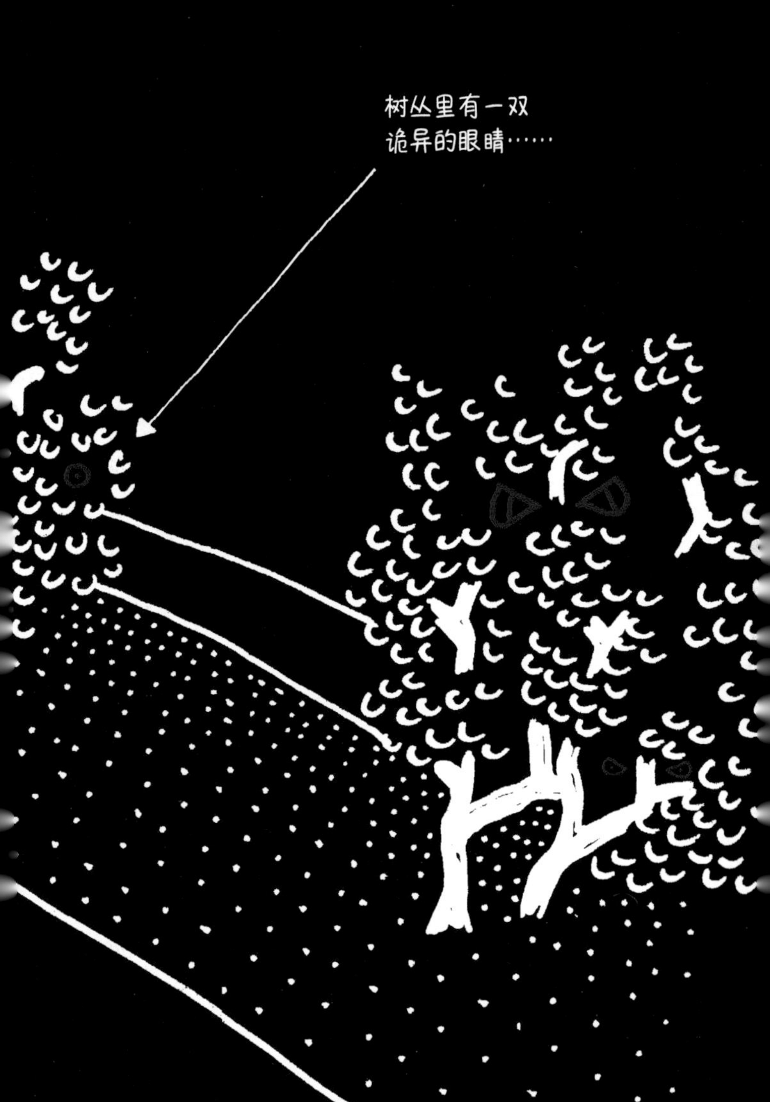
树丛里有一双
诡异的眼睛……

吓到

然后你发现自己……

仰面朝天地摔倒在地上。

时间浪费了：

长达4个星期。如果你摔倒的时候扭伤了脚踝。

横穿
人行道绿地

并遇上了——

c）大冬天

路面薄冰

噢，不是吧……

时间浪费了

每天至少3小时。因为即使你的后背摔伤了，为了健康，还是得每天一瘸一拐地四处走动。

走捷径的情形：

直接爬上山坡

时间节省了：

能怎样利用这点时间呢？

用赫鲁什卡先生*的食谱
做一个“快速”蛋糕，
但是强烈**不**推荐。

* 拉达·赫鲁什卡，捷克一档美食节目的主持人。

打响指。
打响指的世界纪录：
1分钟296次。
由一个日本学生保持。

怎样让世界变得更好。

帮别人进行
心肺复苏，
做 **100-120** 次
胸外按压。

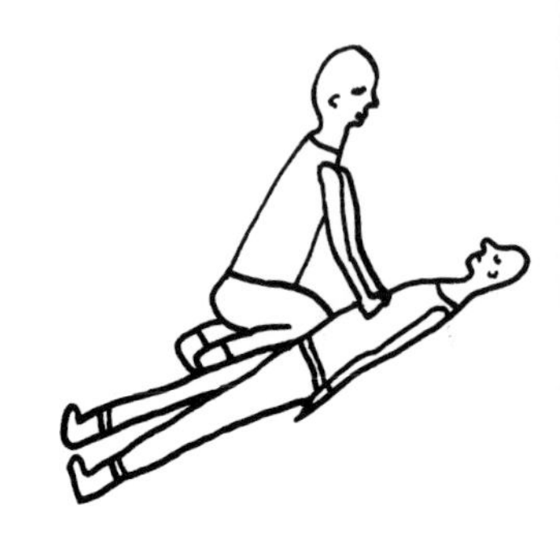

发现

一件让你
感兴趣的事，比如：

散步会促进大脑分
泌内啡肽*，对缓解
压力、焦虑和抑郁
有积极的作用。

* 内啡肽，一种能让人产生快感且有止痛效果的激素。

散步可以
燃烧体脂。

散步可以降低心肌梗死
和中风的风险。

散步可以预防骨质疏松。

这样走捷径，
当然也有不好的一面……

走捷径的情形：

直接爬上山坡

并遇上了——

没预料到的危险

登山杖打滑了

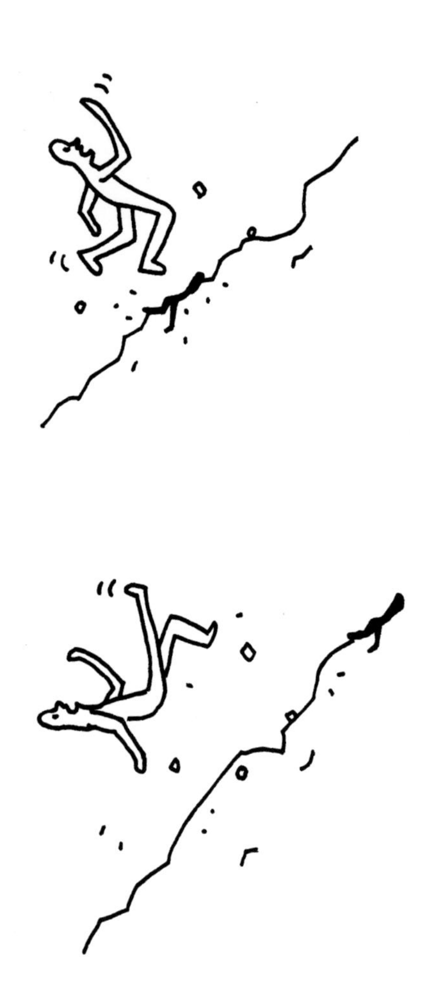

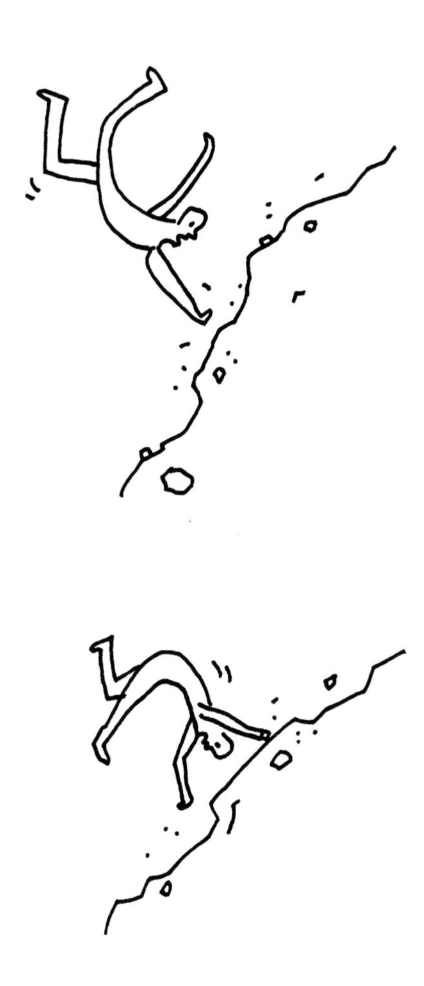

时间浪费了：

这取决于你摔断了
几根骨头，或是受
了什么内伤。

气死我了！

走捷径的情形：

直接爬上山坡

并遇上了——

没预料到的危险

猎人布下的陷阱

失去的腿的数量：1条

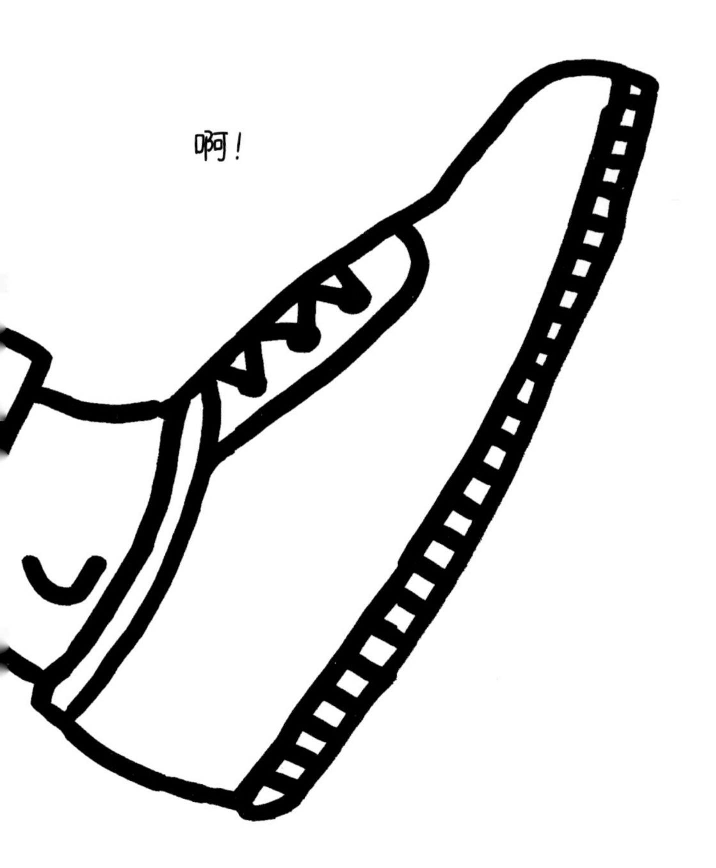
啊！

走捷径的情形：

爸爸的“近路”

起点
终点

我们还没到吗？

此刻自己心情的颜色

小时

但是在之后的某一天，你一定会深情地回忆起这件事。

走捷径的情形：

跨越田野

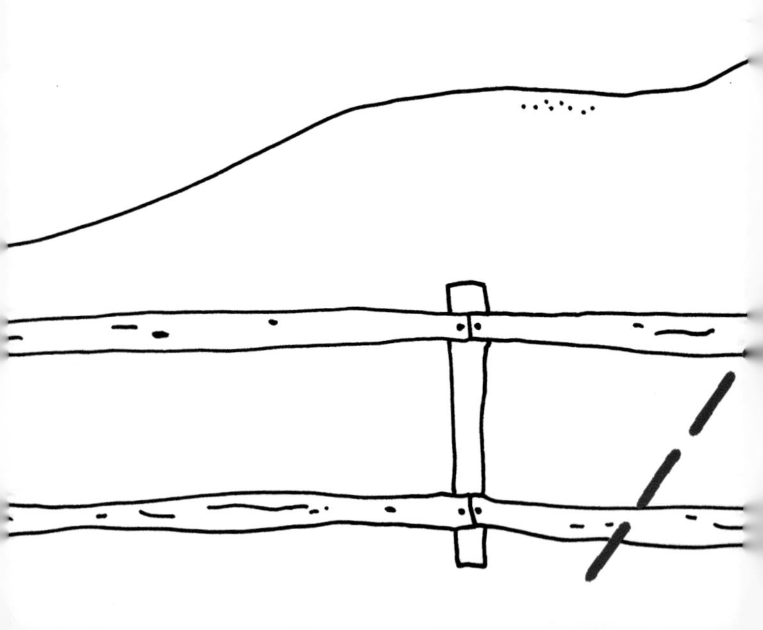

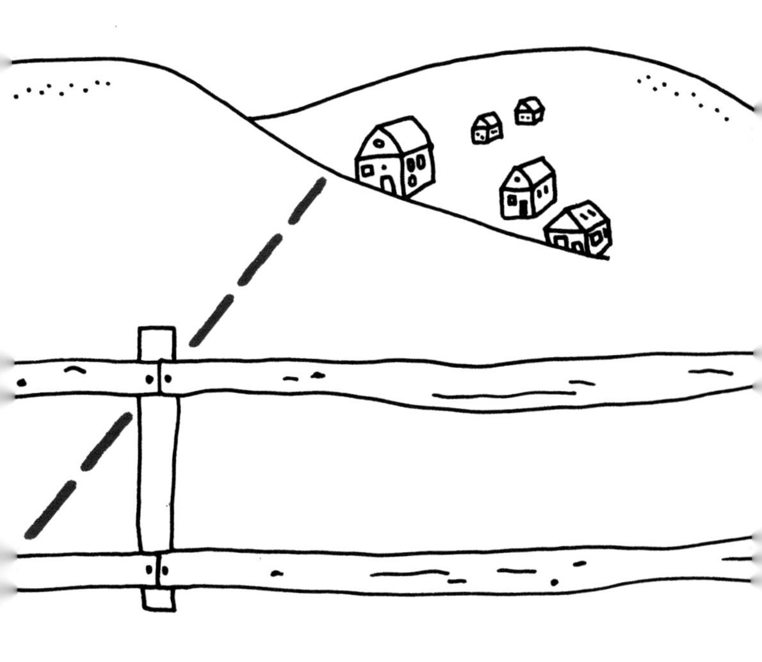

时间节省了：

能怎样利用这点时间呢？

打个盹儿。

抽出一点时间
放空自己。

去跑步。

最好和一个可以领着
你的家伙一起跑。

在家锻炼。

以下每个动作做3组，
锻炼前后都要拉伸。

仰卧起坐20次。

大腿内侧拉伸20次。

平板支撑保持
至少1分钟。

卧姿哑铃推举30次。

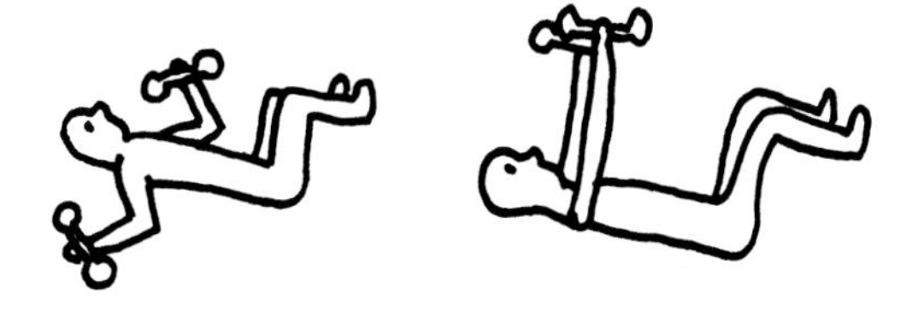

单腿臀桥20次。

你考虑过
这个问题吗？

走捷径的情形：

跨越田野

并遇上了——

a）奶牛

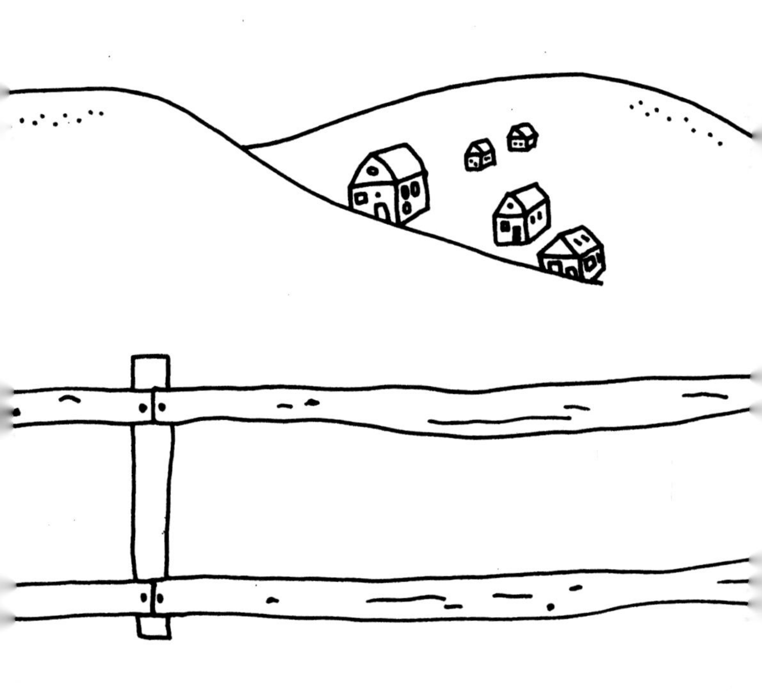

一头发疯的奶牛

时间浪费了：

长达1小时。如果这头牛坚持不懈地追你，并把你往你原本想去的地方的相反方向赶。

走捷径的情形：

跨越田野

并遇上了——

b）喷洒农药的飞机

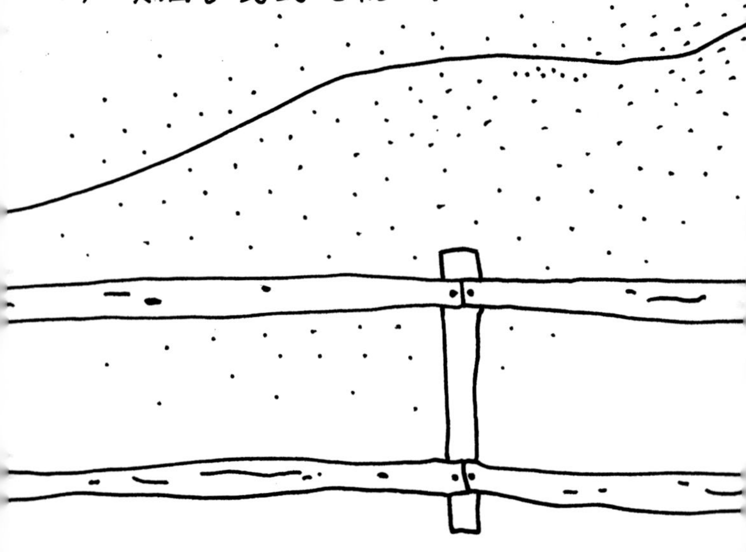

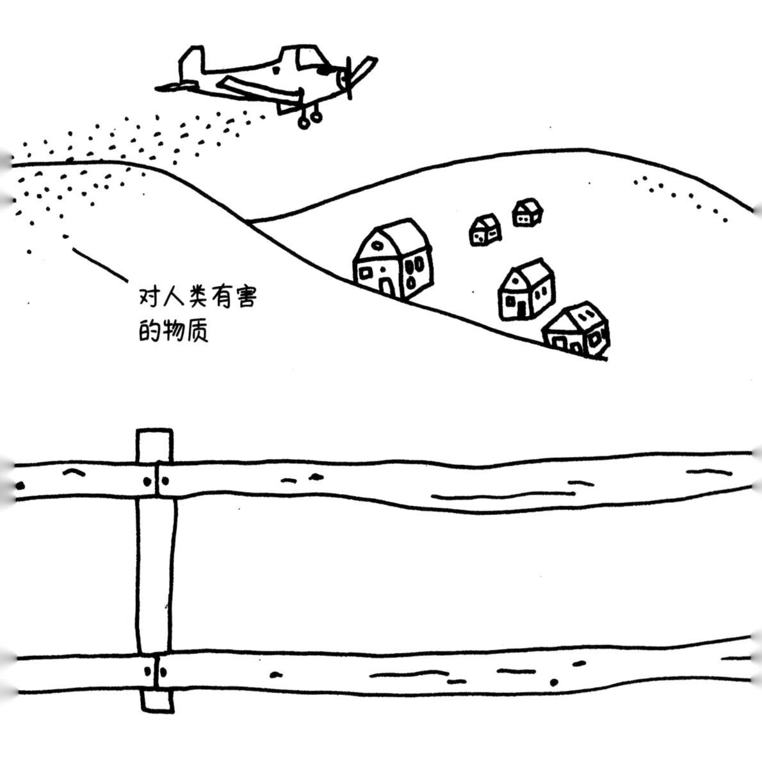
对人类有害
的物质

啊！

时间、
衣服和皮肤，
都浪费了……

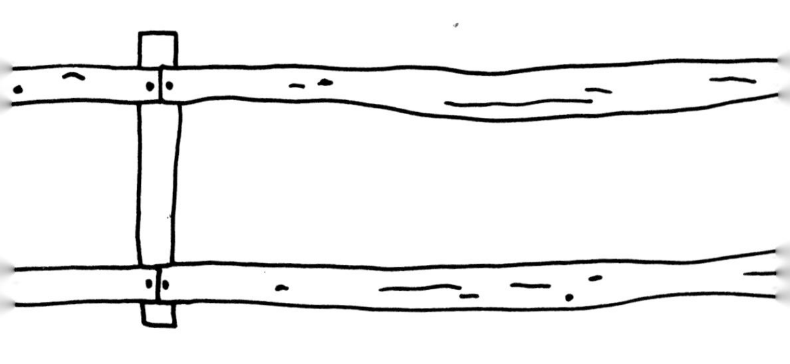

走捷径的情形：

跨越田野

并遇上了—— c）拖拉机

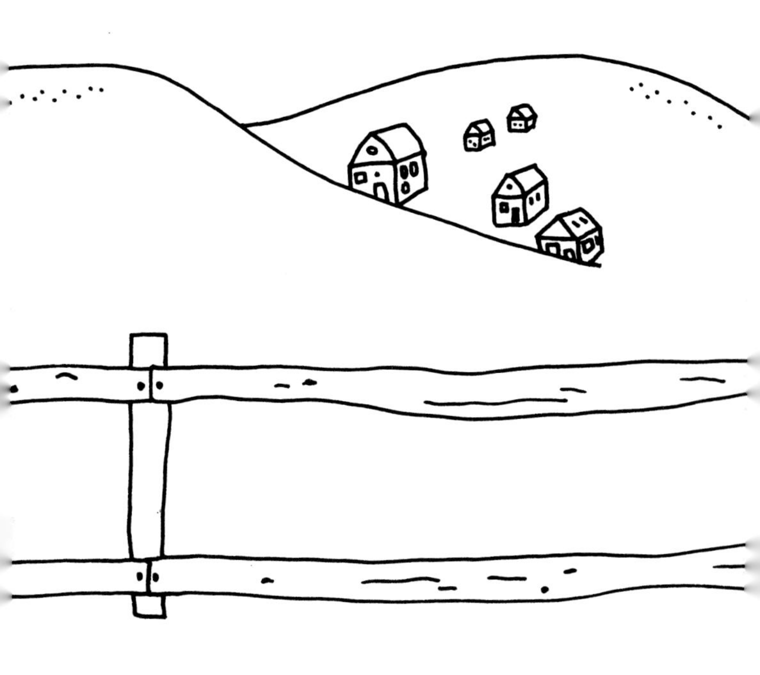

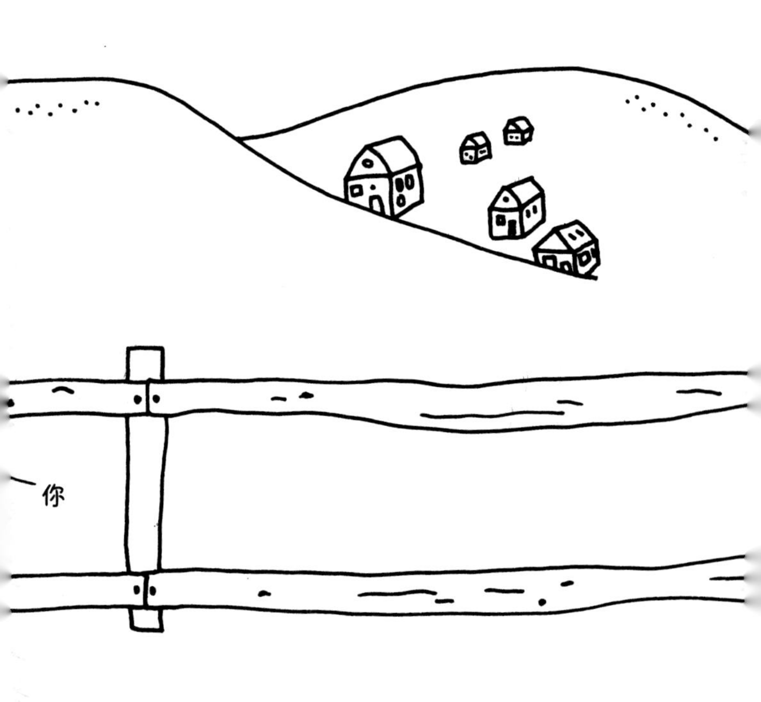
你

时间浪费了：

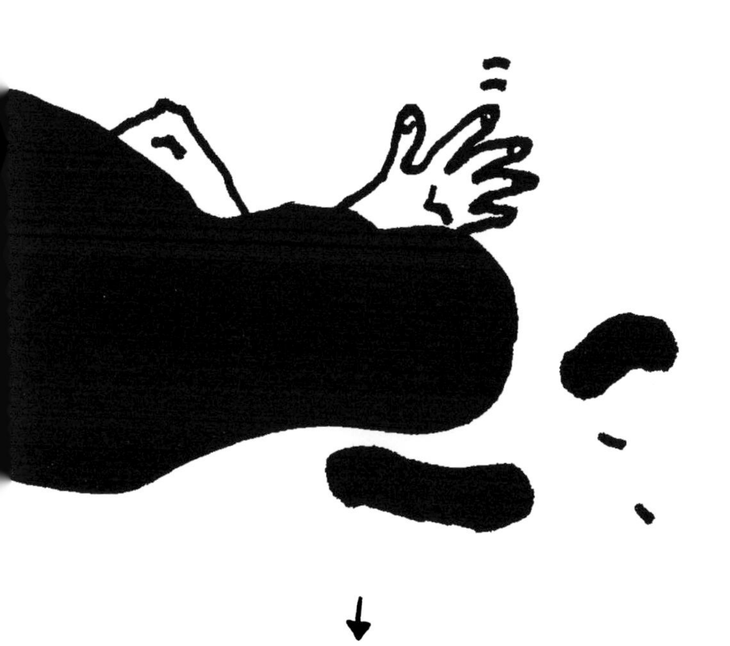

↓

浪费的不只有时间

走捷径的情形：

横穿高速公路

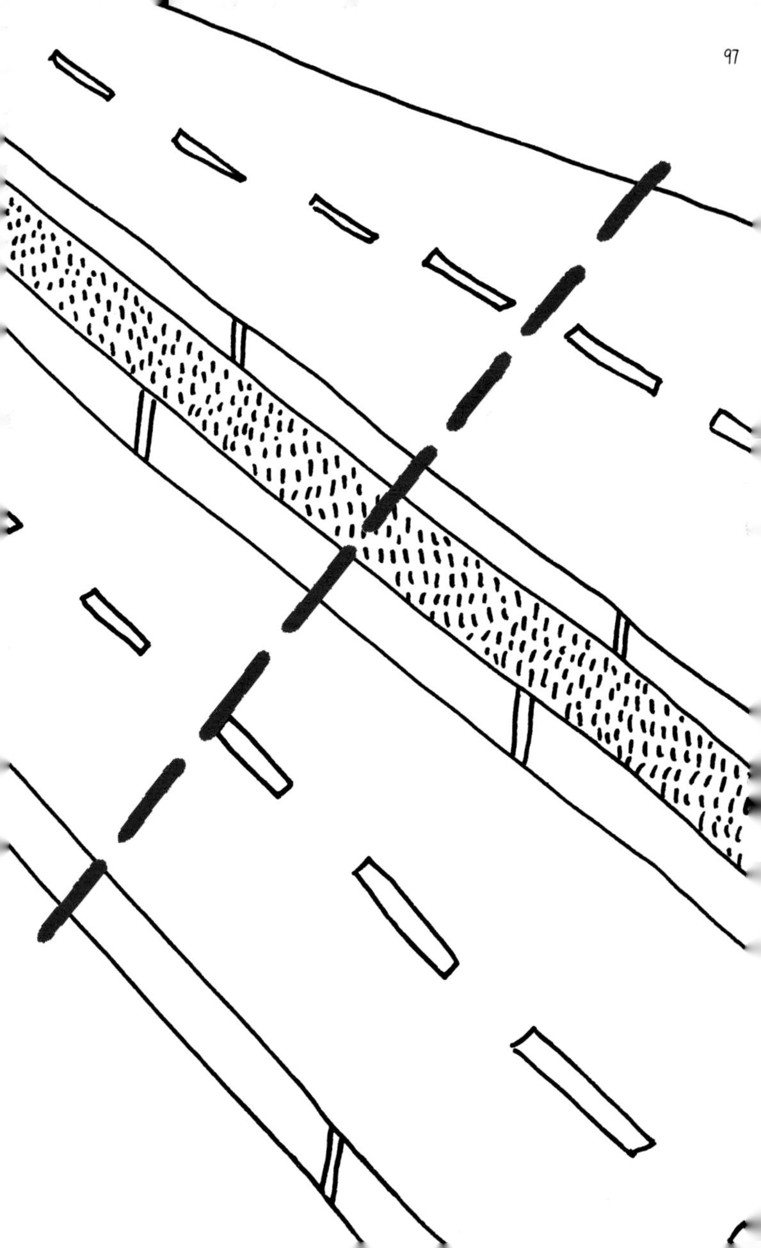

时间节省了:

1小时

能怎样利用这点时间呢?

可以去观光，
在你住的地方
附近走一走。

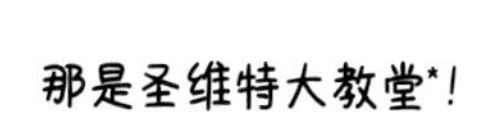

* 圣维特大教堂，位于捷克首都布拉格。

去树林里转转，

然后开心地玩一会儿。

打扫你的家。

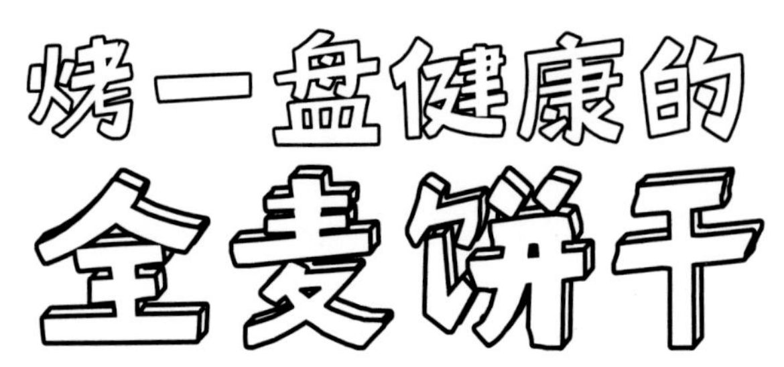

原料：

200克 斯佩尔特面粉
110克 燕麦粉
60克 荞麦粉
1茶匙 发酵粉
少许盐
4汤匙 橄榄油
100毫升 白脱牛奶
150毫升 牛奶
1汤匙 芝麻
1.5茶匙 奇亚籽

小贴士：可以在饼干上涂上牛油果酱、鹰嘴豆泥或其他你喜欢的酱。

把烤箱预热到180℃。把所有的面粉（麦粉）和发酵粉、盐、橄榄油、白脱牛奶、牛奶一起揉成面团。再把芝麻和奇亚籽揉进面团中。用锡箔纸包好面团，静置30分钟。在面板上撒一层面粉，把面团擀成3毫米厚的面皮。把擀好的面皮放在铺了油纸的烤盘上，切成约30块。烤20分钟。
祝你有个好胃口！

你可能会遇上
这些问题：

走捷径的情形：

横穿高速公路

并遇上了——

a）路上的动物

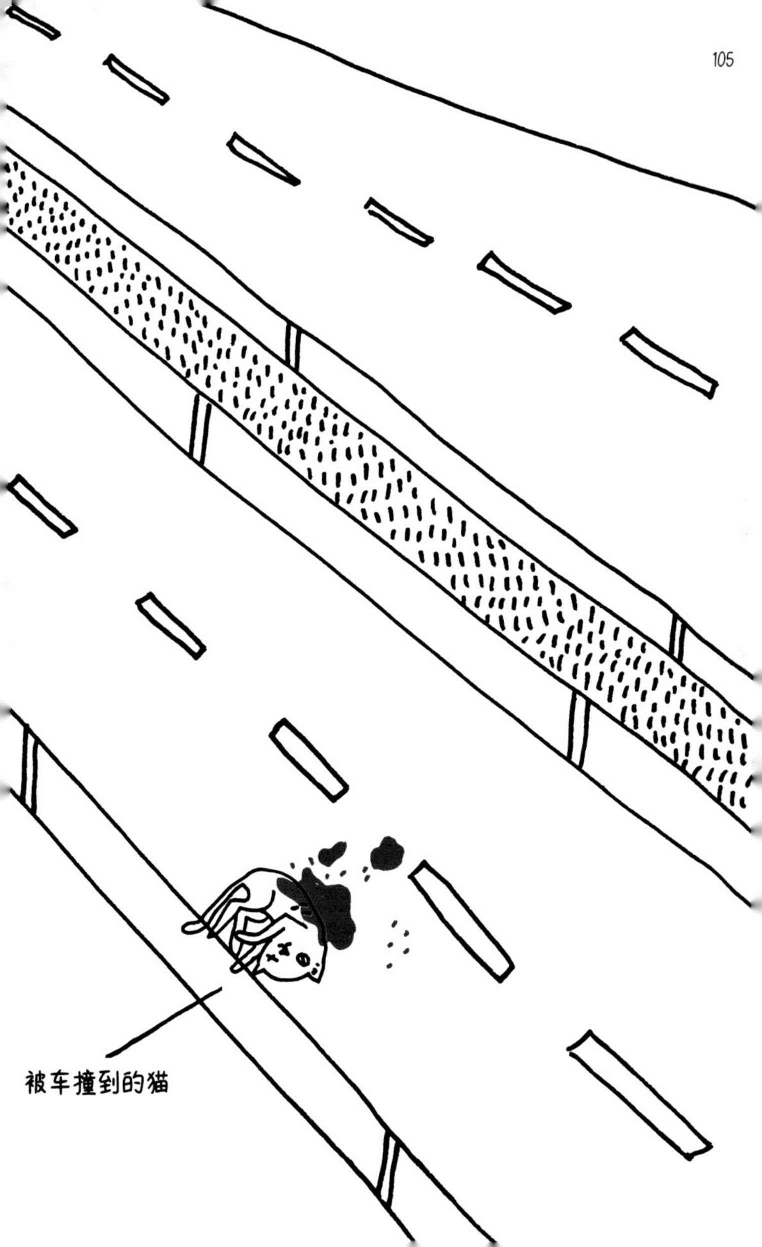
被车撞到的猫

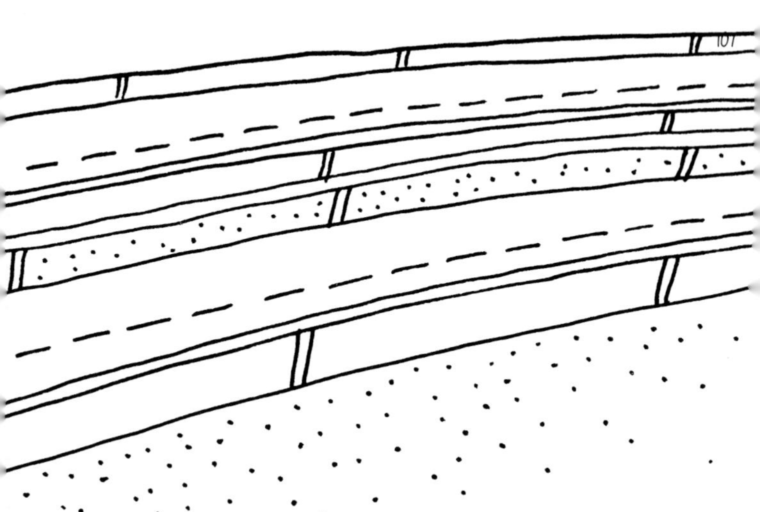

时间浪费了：

一整天。
如果你很同情这只猫，
然后送它去看兽医。

走捷径的情形：

横穿高速公路

并遇上了—— b）交通事故

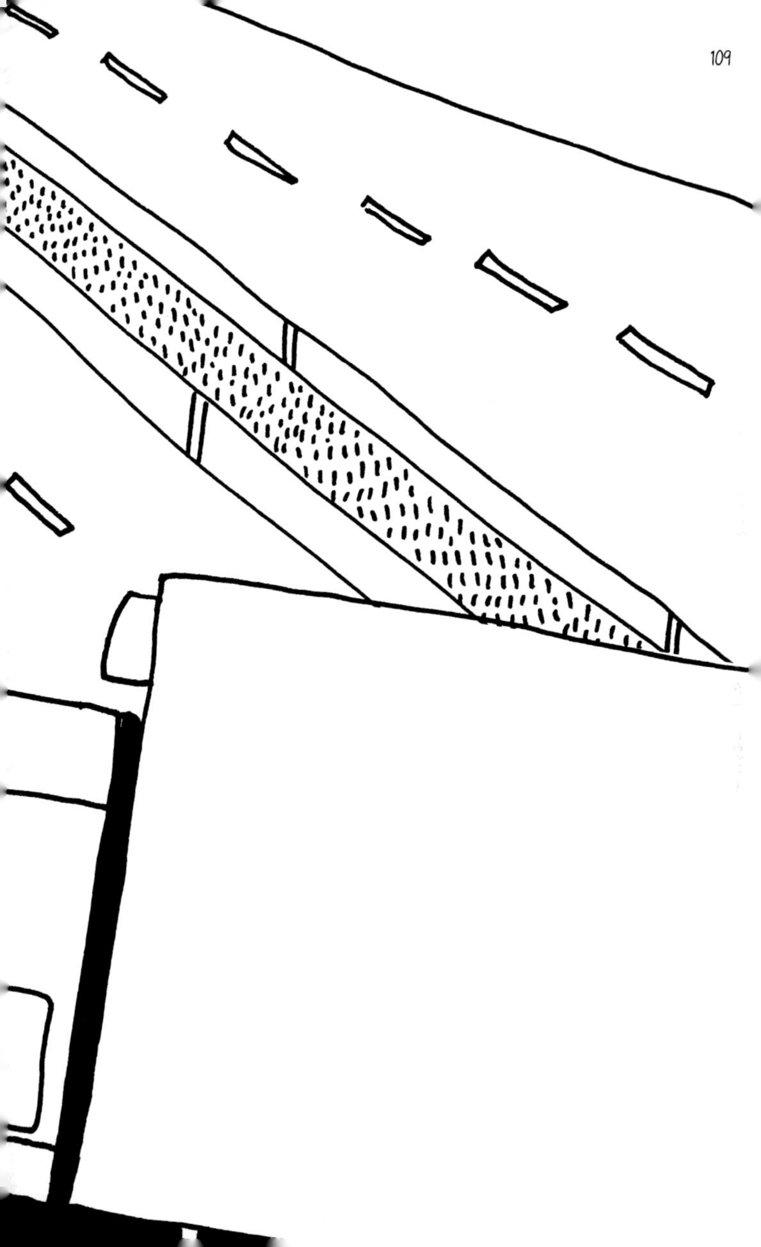

时间浪费了：

这是在捷克的情况。会浪费多长时间，取决于你所在国家的法律，以及你能请得起多好的律师。

走捷径的情形：

横穿高速公路

并遇上了——

c）交通拥堵

这条路好堵啊！

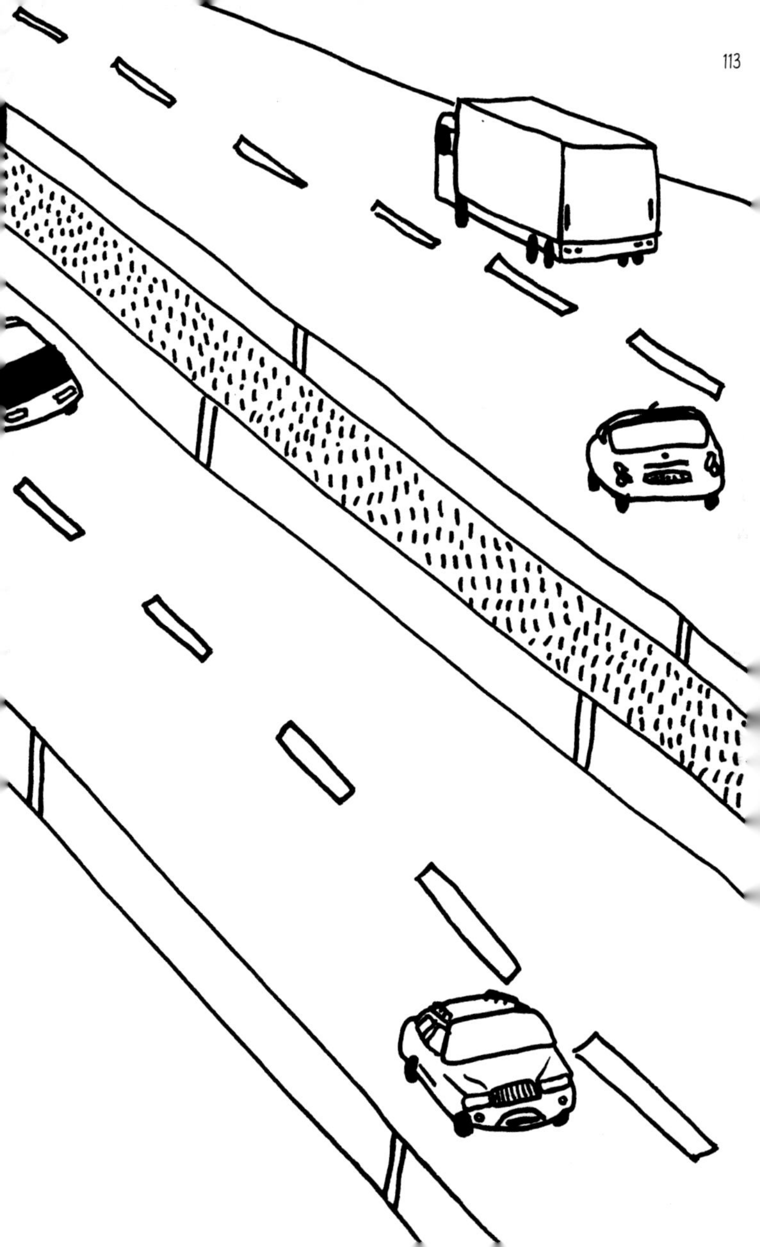

噢

时间浪费了：

很多很多。
最好沿着公路走
一段，这样或许
会更快……

走捷径的情形：

你自己的情况

但是

它们一去
不复返了……

如果你不读这本书，
原本有时间能做……

在这里列出你原本可以做的事情：

所以，让我们

高效利用

宝贵的时间吧！

我们永远不会知道

自己还剩多少

时间。

图书在版编目（CIP）数据

省时小指北/(捷克)玛丽安娜·图乔娃著;于淼
译.--北京:中国友谊出版公司,2021.9
书名原文: Shortcuts
ISBN 978-7-5057-5309-9

Ⅰ.①省… Ⅱ.①玛… ②于… Ⅲ.①人生哲学一通
俗读物 Ⅳ.①B821-49

中国版本图书馆CIP数据核字(2021)第174903号

著作权合同登记号 图字：01-2021-5103

书名 省时小指北
作者 ［捷克］玛丽安娜·图乔娃
译者 于淼
出版 中国友谊出版公司
发行 中国友谊出版公司
经销 新华书店
印刷 天津市豪迈印务有限公司
规格 720×1000毫米 32开
4印张 50千字
版次 2021年9月第1版
印次 2021年9月第1次印刷
书号 ISBN 978-7-5057-5309-9
定价 36.00元
地址 北京市朝阳区西坝河南里17号楼
邮编 100028
电话 （010）64678009